This Is Chemistry

这就是化学

ACID 酸 AND ALKALI 碱 WAR 大战

6

米莱童书 著 / 绘

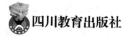

四川教育出版社

推荐序

　　非常高兴向各位家长和小朋友们推荐《这就是化学》科普丛书。这是一套有趣的化学漫画书，它不同于传统的化学教材，而是用孩子们乐于接受的漫画形式来普及化学知识。这套丛书通过生动的画面、有趣的故事，结合贴近日常生活的场景，深入浅出，寓教于乐，在轻松、愉悦的氛围中传授知识。这不仅能够帮助孩子初步认识化学，还能引导他们关注身边的化学现象，培养对化学的浓厚兴趣。

　　化学是一个美丽的学科。世界万物都是由化学元素组成的。化学有奇妙的反应，有惊人的力量，它看似平淡无奇，却在能源、材料、医药、信息、环境和生命科学等研究领域发挥着其他学科不可替代的作用。学习化学是一个神奇且充满乐趣的过程：你会发现这个世界每时每刻都在发生奇妙的化学变化，万事万物都离不开化学。世界上的各种变化不是杂乱无章的，而是有其内在的规律，都被各种化学反应式在背后"操控"。学习化学就像是"探案"，有实验室里见证奇迹的过程，也有对实验结果的演算分析。

　　化学所涉及的知识与我们的日常生活息息相关，化学变化和化学反应在我们的身边随处可见。在这套科普绘本里，作者用新颖的形式带领孩子探究隐藏在身边的"化学世界"：铁钉为什么会生锈？苹果是如何变成苹果醋的？蜡烛燃烧之后变成了什么？为什么洗洁精可以洗净油污？用什么东西可以除去水壶里的水垢？……这些探究真相的过程，可以培养孩子学习化学知识的兴趣，也是提高科学素养的过程。

　　愿孩子们能从这套书中收获化学知识，更能收获快乐！

中国科学院院士，高分子化学、物理化学专家　李永舫

目 录

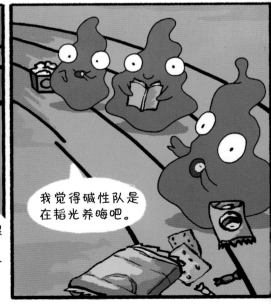

酸容易和某些**活泼金属**发生反应，生成盐和气体。常见的活泼金属有钙、铁、锌、铝等。而不活泼的金属，比如金、银、铜，就很难与酸发生反应。

看来这次拳击比赛要平局了。

酸与碱在一起会发生**中和反应**。氢离子和氢氧根离子在反应中会生成水。

酸溶液中有**氢**离子。

碱溶液中有**氢氧根离子**。

我们可以看到，氢氧化钠已经吸收了全部的二氧化硫。而氯化氢完全做不到呢！

这一回合，碱性队也拿到了一分。

肚子里的故事

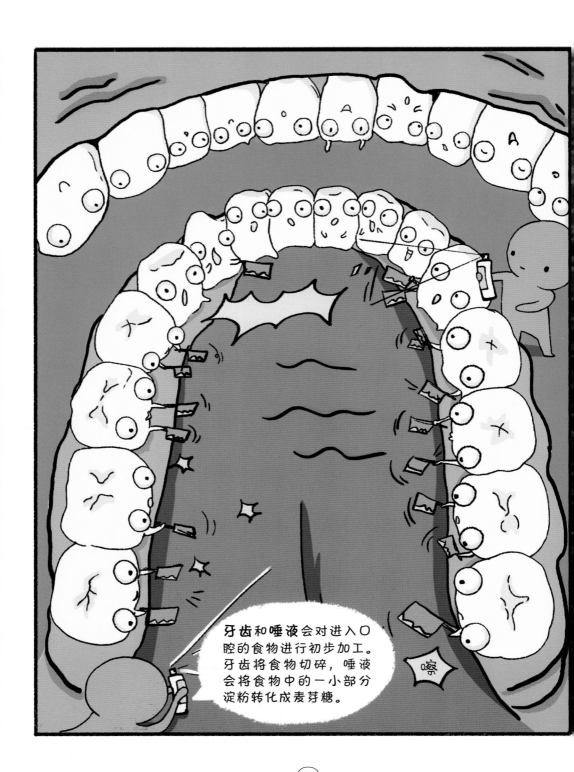

牙齿和唾液会对进入口腔的食物进行初步加工。牙齿将食物切碎，唾液会将食物中的一小部分淀粉转化成麦芽糖。

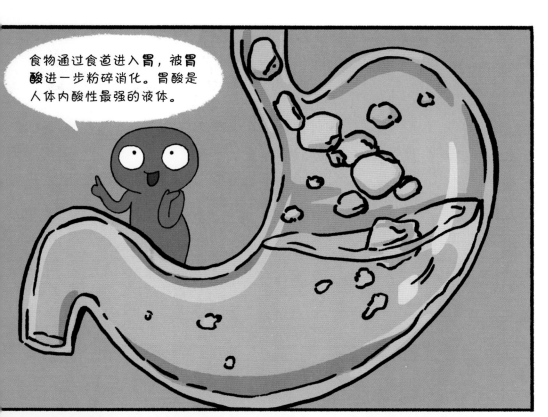

食物通过食道进入胃，被胃酸进一步粉碎消化。胃酸是人体内酸性最强的液体。

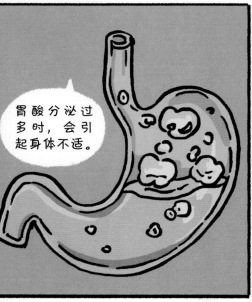

胃酸分泌过多时，会引起身体不适。

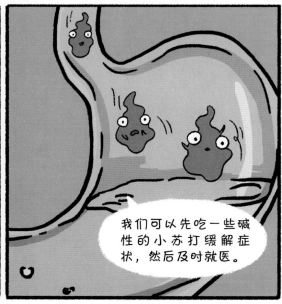

我们可以先吃一些碱性的小苏打缓解症状，然后及时就医。

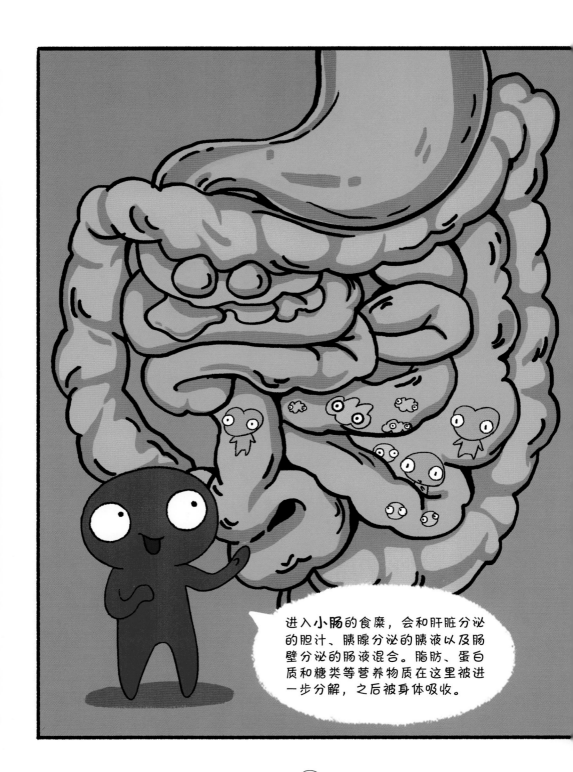

进入**小肠**的食糜，会和肝脏分泌的胆汁、胰腺分泌的胰液以及肠壁分泌的肠液混合。脂肪、蛋白质和糖类等营养物质在这里被进一步分解，之后被身体吸收。

肝脏可以完成营养物质的合成和转化，并分配到身体各处。除此之外，肝脏还有**解毒**功能，它能让体内的有毒物质转变成无毒的，或者排出体外。

制作"小火山"

首先，把黏土堆成一座山的形状，中间留出放空瓶子的位置。

接下来制作"岩浆"。

在空瓶中加入食醋、红色颜料和洗涤灵。

然后把它们摇匀。

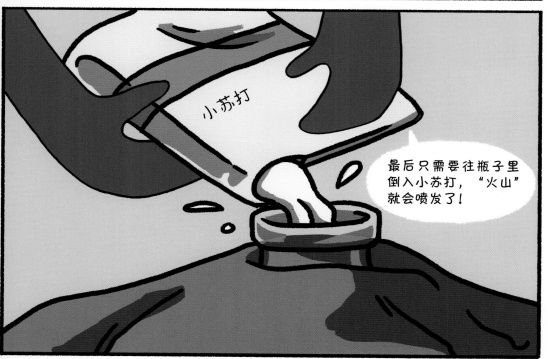

酸性的食醋和碱性的小苏打发生反应，会生成二氧化碳气体。气体使瓶中的洗涤灵产生大量泡沫，从瓶口溢出来。溢出的泡沫被颜料染成了红色，像不像喷发的岩浆？

恭喜你成功制作出了属于自己的"小火山"！

接下来我要给大家介绍一下生活中常见的酸。

氯化氢

盐酸

水

盐酸是氯化氢的水溶液，我们之前提到的**胃酸**的主要成分就是它。它能够帮助食物分解、消化，还能杀死一些有害的微生物。

醋酸是食醋里含有的一种酸。日常生活中，醋酸除了能给饭菜增加酸味，还能用来除水垢。

电热水壶里结的水垢不溶于水，很难用清水洗掉。只要用加了醋的水泡一泡，就可以轻松去除了！

你看，擦得多闪亮！

水垢的主要成分是碳酸钙。碳酸钙与醋酸发生反应，生成能够溶解在水中的物质，可以轻松用水冲走。

柠檬酸是一种重要的有机酸，是很多饮料中必不可少的调味剂。

在饮料中加入柠檬酸，可以让饮料带有柠檬的酸味，更加可口！

在工业生产中，**硫酸**和**硝酸**是两种常用的酸。

硫酸可以用作脱水剂，用来生产纸张、棉麻织物。

纸张

棉麻织物

蓄电池

硫酸可以用来制作蓄电池。

硝酸可以用于生产化肥、农药、炸药和染料。

农药

炸药

染料

化肥

常见的碱

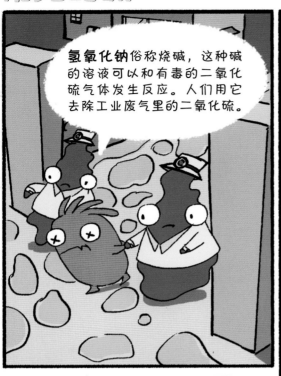

氢氧化钠俗称烧碱，这种碱的溶液可以和有毒的二氧化硫气体发生反应。人们用它去除工业废气里的二氧化硫。

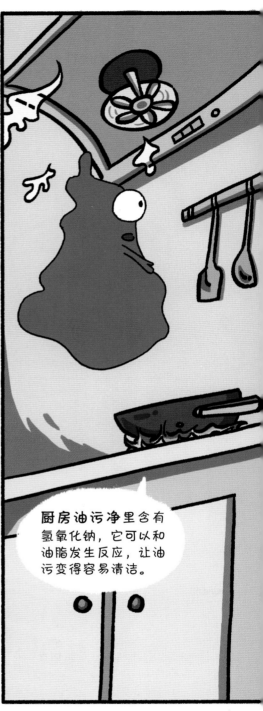

厨房油污净里含有氢氧化钠，它可以和油脂发生反应，让油污变得容易清洁。

通常，肥皂是用氢氧化钠和油脂制成的，它可以帮助人们去除身体上的油脂和污垢。

氢氧化钙俗称熟石灰，也是一种常见的碱。

建筑工人用熟石灰与沙子混合来砌砖，用石灰浆粉刷墙壁。

在树木上涂刷含有硫黄粉的石灰浆，可以保护树木，起到防虫、杀菌作用，还能防止冻伤。

总结

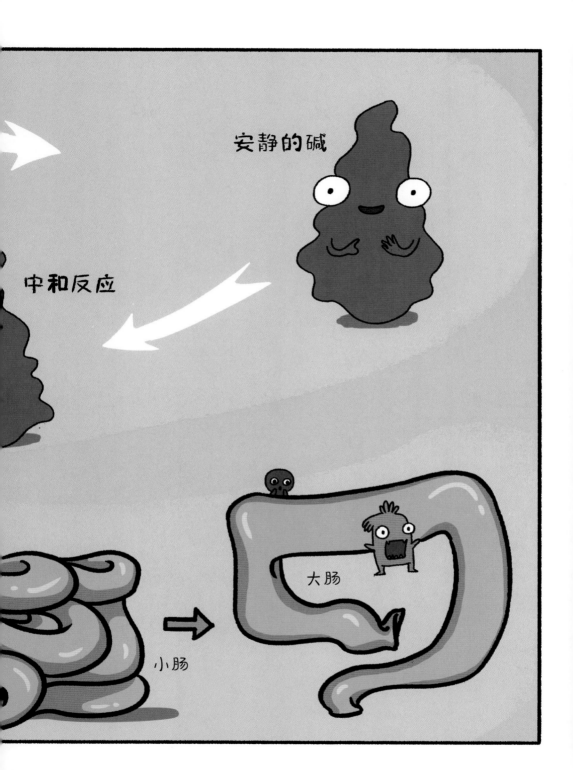

酸和碱与我们的生活息息相关。

这些东西里面含有酸性物质。

葡萄

苹果

酸奶

蚁酸

熟石灰

洗衣粉

肥皂

这些东西里面含有碱性物质。

这些物品哪些是酸性的？哪些是碱性的？

洁厕灵

洗衣粉

碳酸饮料

小苏打

问答收纳盒

什么是酸? 酸是一类化合物的统称,通常由氢离子和酸根离子构成。食醋中的醋酸就是一种常见的酸。

什么是碱? 碱是一类化合物的统称,通常由金属离子和氢氧根离子构成。氢氧化钠就是一种常见的碱。

什么是中和反应? 中和反应是指酸与碱作用生成盐和水的反应。

什么是消化? 消化是指食物在消化道内分解成可以被身体吸收的物质的过程。

胃酸有什么作用? 胃酸能够帮助食物分解、消化,还能杀死一些有害的微生物。

肝脏有什么功能? 肝脏可以完成营养物质的合成和转化,并分配到身体各处。除此之外,肝脏还有解毒功能。

怎样去除水壶里的水垢? 用加了醋的水泡一泡就可以去除水垢。

思考题答案

36 页　铝和铁。

37 页　酸性:洁厕灵、碳酸饮料;碱性:洗衣粉、小苏打。

作者团队

米莱童书

米莱童书是由国内多位资深童书编辑、插画家组成的原创
童书研发平台，2019"中国好书"大奖得主、桂冠童书得主、
中国出版"原动力"大奖得主。是中国新闻出版业科技与
标准重点实验室（跨领域综合方向）授牌中国青少年科普
内容研发与推广基地，曾多次获得省部级嘉奖和国家级动
漫产品大奖荣誉。团队致力于对传统童书阅读进行内容与
形式的升级迭代，开发一流原创童书作品，使其更加适应
当代中国家庭的阅读需求与学习需求。

专家团队

李永舫　中国科学院院士，高分子化学、物理化学专家
　　　　作序推荐

张　维　中科院理化技术研究所研究员，抗菌材料检测中
　　　　心主任　审读推荐

亓玉田　北京市化学高级教师、省级优秀教师、北京市青
　　　　少年科技创新学院核心教师　知识脚本创作

创作组成员

特约策划：刘润东

统筹编辑：于雅致　陈一丁

绘画组：辛颖　孙振刚　鲁倩纯　徐烨　杨琪　霍霜霞

美术设计：刘雅宁　董倩倩

图书在版编目（CIP）数据

这就是化学. 6, 酸碱大战 / 米莱童书著绘. -- 成
都：四川教育出版社，2020.9（2021.12重印）
ISBN 978-7-5408-7397-4

Ⅰ. ①这… Ⅱ. ①米… Ⅲ. ①化学—儿童读物 Ⅳ.
① 06-49

中国版本图书馆CIP数据核字(2020)第141709号

这就是化学　酸碱大战
ZHE JIUSHI HUAXUE SUAN JIAN DAZHAN

米莱童书　著 / 绘

出 品 人　　雷　华
策 划 人　　何　杨
责任编辑　　吴贵启　林蓓蓓
封面设计　　刘　鹏
版式设计　　米莱童书
责任校对　　王　丹
责任印制　　高　怡
出版发行　　四川教育出版社
地　　址　　四川省成都市黄荆路 13 号
邮政编码　　610225
网　　址　　www.chuanjiaoshe.com
制　　作　　易书科技（北京）有限公司
印　　刷　　河北环京美印刷有限公司
版　　次　　2020 年 9 月第 1 版
印　　次　　2021 年 12 月第 11 次印刷
成品规格　　170mm×235mm
印　　张　　2.5
书　　号　　ISBN 978-7-5408-7397-4
定　　价　　200.00 元（全 8 册）

如发现质量问题，请与本社联系。总编室电话：（028）86259381
北京分社营销电话：（010）67692165　北京分社编辑中心电话：（010）67692156